河南省工程建设标准

混凝土用机制砂质量及检验方法标准

Standard for technical requirements and test method of
manufactured sand for concrete

DBJ41/T 232-2020

主编单位:河南省建筑科学研究院有限公司

批准单位:河南省住房和城乡建设厅
施行日期:2020 年 8 月 1 日

黄河水利出

郑 州

图书在版编目(CIP)数据

混凝土用机制砂质量及检验方法标准/河南省建筑科学
研究院有限公司主编. —郑州:黄河水利出版社,2020.9
ISBN 978-7-5509-2832-9

Ⅰ.①混… Ⅱ.①河… Ⅲ.①细砂混凝土-质量检验-
标准 Ⅳ.①TU528.56-65

中国版本图书馆 CIP 数据核字(2020)第 186588 号

出 版 社:黄河水利出版社
　　　　　地址:河南省郑州市顺河路黄委会综合楼 14 层　邮政编码:450003
发行单位:黄河水利出版社
　　　　　发行部电话:0371-66026940、66020550、66028024、66022620(传真)
　　　　　E-mail:hhslcbs@126.com
承印单位:郑州豫兴印刷有限公司
开本:850 mm×1 168 mm　1/32
印张:1.25
字数:31 千字
版次:2020 年 9 月第 1 版　　　　　印次:2020 年 9 月第 1 次印刷

定价:32.00 元

河南省住房和城乡建设厅文件

公告〔2020〕72号

关于发布工程建设标准《混凝土
用机制砂质量及检验方法标准》的公告

现批准《混凝土用机制砂质量及检验方法标准》为我省工程建设地方标准,编号为 DBJ41/T 232-2020,自 2020 年 8 月 1 日起在我省施行。

本标准在河南省住房和城乡建设厅门户网站(www.hnjs.gov.cn)公开,由河南省住房和城乡建设厅负责管理。

河南省住房和城乡建设厅

2020 年 7 月 1 日

前　言

根据河南省住房和城乡建设厅《关于印发〈2020 年工程建设地方标准制定、修订计划〉的通知》的要求,标准编制组经深入调查研究,认真总结实践经验,并在广泛征求意见的基础上编制了本标准。

本标准主要内容有总则,术语、符号,分类、规格,基本规定,技术要求,试验方法,检验规则,验收、储存、运输和堆放。

本标准由河南省住房和城乡建设厅负责管理,由河南省建筑科学研究院有限公司负责具体内容的解释。执行过程中如有意见或建议,请寄送:河南省建筑科学研究院有限公司(地址:郑州市金水区丰乐路 4 号,邮政编码:450053)。

主编单位:河南省建筑科学研究院有限公司

参编单位:河南理工大学

河南省建筑工程质量检验测试中心站有限公司

中国水利水电第十一工程局有限公司

河南省建科院工程检测有限公司

河南省崛起混凝土有限公司

河南鼎丰房屋安全鉴定有限公司

周口公正建设工程检测咨询有限公司

主要起草人员:李美利	张光海	王雨利	苏浏峰	张　涛
付百中	许庆文	周占秋	刘　涛	米金玲
李雅楠	刘中峡	方　方	王新庆	智梅花
夏　楠	刘传洋	张聪颖	张　勇	余学奇
贺　立	冯月月	贠秀梅	朱乘胜	
主要审查人员:郭院成	谢继义	白召军	唐碧凤	杨力远
王学勤	海　然	唐伟东	马淑霞	

目　次

1 总　则

1.0.1　为加强对机制砂生产企业的质量控制,合理利用机制砂,做到技术先进,经济合理,确保工程质量,特制定本标准。

1.0.2　本标准适用于建设工程中混凝土用机制砂的质量要求和检验。

1.0.3　机制砂的质量要求及检验除应符合本标准外,尚应符合国家现行有关标准的规定。

2 术语、符号

2.1 术 语

2.1.1 机制砂 manufactured sand

岩石、卵石、建筑固体废弃物、矿山尾矿或工业废渣等经除土处理,由机械破碎、整形、筛分、粉料控制等工艺制成的,粒径小于4.75 mm 的颗粒,但不包括软质、风化的岩石颗粒。机制砂包括岩石或卵石机制砂、再生机制砂和矿山尾矿机制砂。

2.1.2 岩石、卵石机制砂 manufactured sand from nature rock and pebble

由岩石、卵石机械破碎、整形、筛分、粉料控制等工艺制成的,粒径小于4.75 mm 的颗粒,但不包括软质、风化的岩石颗粒。

2.1.3 再生机制砂 manufactured sand from recycled aggregate

由建(构)筑废弃物中的混凝土、砂浆、石或砖等加工而成的机制砂。

2.1.4 矿山尾矿机制砂 manufactured sand from mine tailings

由处理过的矿山尾矿加工而成的机制砂。

2.1.5 细度模数 fineness module

衡量砂粗细程度的指标。

2.1.6 石粉含量 the content of fines

岩石或卵石机制砂、矿山尾矿机制砂中粒径小于0.075 mm,且其矿物组成和化学成分与被加工母岩或原材相同的颗粒含量。

2.1.7 微粉含量

再生机制砂中粒径小于0.075 mm 的颗粒含量。

2.1.8 亚甲蓝(MB)值 methylene blue value

用于判定机制砂石粉中泥土含量的指标。

2.1.9 压碎指标 crushing value index

机制砂抵抗压碎的能力。

2.2 符 号

μ_f —— 细度模数；

Q_x —— 经时吸水率；

m —— 潮湿试样质量。

3 分类、规格

3.1 机制砂分类

3.1.1 机制砂按生产原料种类的不同分为:岩石或卵石机制砂、再生机制砂、矿山尾矿机制砂。

3.1.2 机制砂按技术要求的不同分为Ⅰ类、Ⅱ类和Ⅲ类。

3.2 机制砂规格

机制砂按细度模数(μ_f)分为粗、中、细、特细四种规格,其细度模数范围应符合下列规定:

粗砂:μ_f = 3.1 ~ 3.7;

中砂:μ_f = 2.3 ~ 3.0;

细砂:μ_f = 1.6 ~ 2.2;

特细砂:μ_f = 0.7~1.5。

4 基本规定

4.0.1 生产机制砂用原材料的放射性比活度应符合现行国家标准《建筑材料放射性核素限量》GB 6566 中建筑主体材料放射性比活度的规定。

4.0.2 用矿山尾矿、工业废渣等生产的机制砂不应对人体、生物、环境及混凝土、砂浆性能产生有害影响。

4.0.3 机制砂的选择应满足混凝土、砂浆及制品的性能要求。

4.0.4 除再生机制砂外，Ⅰ类机制砂宜用于强度等级不小于 C60 的混凝土；Ⅱ类机制砂宜用于强度等级为 C35~C55 的混凝土；Ⅲ类机制砂宜用于强度等级不大于 C30 的混凝土或砂浆。

4.0.5 Ⅰ类再生机制砂可用于配制 C40 及以下强度等级的混凝土；Ⅱ类再生机制砂宜用于配制 C25 及以下强度等级的混凝土；Ⅲ类再生机制砂不宜用于配制结构混凝土。

5 技术要求

5.1 原材料

5.1.1 用作生产机制砂的母岩应干净,质地坚硬,无软弱、风化的岩石颗粒。

5.1.2 宜使用石灰岩、白云岩、花岗岩、石英岩、辉绿岩和玄武岩等岩石生产机制砂。在水饱和状态下,母岩抗压强度火成岩应不低于 80 MPa,变质岩应不低于 60 MPa,水成岩应不低于 30 MPa。

5.1.3 矿山尾矿机制砂原材料为铁尾矿或含铁的矿山尾矿时,宜经磁选工艺分离。

5.1.4 再生机制砂的原材料,宜经过分拣设备分离,分离后的生产原材料中砖块等烧土制品的含量不宜超过 10%。

5.2 机制砂

5.2.1 机制砂的颗粒级配应处于表 5.2.1 中的任何一个区以内。

5.2.2 Ⅰ类机制砂级配区宜控制在Ⅱ区;Ⅱ类机制砂和Ⅲ类机制砂的级配区可在Ⅰ区、Ⅱ区和Ⅲ区的任一区。

5.2.3 岩石或卵石机制砂和矿山尾矿机制砂的 MB 值不宜大于1.4。Ⅰ类机制砂的 MB 值不应大于 1.4。

5.2.4 机制砂中的石粉含量和微粉含量应符合下列规定:

    1 岩石或卵石机制砂和矿山尾矿机制砂的石粉含量应符合表 5.2.4-1 的规定。

表 5.2.1 颗粒级配

公称粒径(mm)	累计筛余(%)		
	Ⅰ区	Ⅱ区	Ⅲ区
4.75	10~0	10~0	10~0
2.36	35~5	25~0	15~0
1.18	65~35	50~10	25~0
0.60	85~71	70~41	40~16
0.30	95~80	92~70	85~55
0.15	97~85	94~80	94~75

注:1. 机制砂的实际颗粒级配与表中所列数字相比,除 4.75 mm 和 0.60 mm 筛档外,
可以略有超出,但超出总量应小于 5%。

2. Ⅰ区机制砂中 0.15 mm 筛孔的累计筛余可以放宽到 100%~85%,Ⅱ区机制砂
中 0.15 mm 筛孔的累计筛余可以放宽到 100%~80%,Ⅲ区机制砂中 0.15 mm
筛孔的累计筛余可以放宽到 100%~75%。

3. 当机制砂的实际颗粒级配不符合表 5.2.1 的规定时,宜采取相应的技术措施,
并经试验证明能确保混凝土质量后,方可允许使用。

表 5.2.4-1 岩石或卵石机制砂和矿山尾矿机制砂的石粉含量

类别		Ⅰ类	Ⅱ类	Ⅲ类
石粉含量 (%)	MB 值<1.2(合格)	≤7.0	≤12.0	≤15.0
	MB 值<1.4(合格)	≤5.0	≤7.0	≤10.0
	MB 值≥1.4(不合格)	—	≤3.0	≤5.0

注:MB 值为机制砂中亚甲蓝测定值。

2. 再生机制砂微粉含量应符合表 5.2.4-2 的规定。

表 5.2.4-2 再生机制砂微粉含量

类别		Ⅰ类	Ⅱ类	Ⅲ类
微粉含量 (%)	MB 值<1.4(合格)	≤5.0	≤7.0	≤10.0
	MB 值≥1.4(不合格)	≤1.0	≤3.0	≤3.0

5.2.5 机制砂中的泥块含量应符合下列规定：

1 岩石或卵石机制砂和矿山尾矿机制砂的泥块含量应符合表 5.2.5-1 的规定。

表 5.2.5-1　岩石或卵石机制砂和矿山尾矿机制砂的泥块含量

类别	Ⅰ类	Ⅱ类	Ⅲ类
泥块含量(%)	≤0	≤0.5	≤1.0

2 再生机制砂泥块含量应符合表 5.2.5-2 的规定。

表 5.2.5-2　再生机制砂的泥块含量

类别	Ⅰ类	Ⅱ类	Ⅲ类
泥块含量(%)	≤0.5	≤1.0	≤2.0

5.2.6 机制砂中的有害物质含量应符合下列规定：

1 岩石或卵石机制砂和矿山尾矿机制砂的有害物质含量应符合表 5.2.6-1 的规定。

表 5.2.6-1　岩石或卵石机制砂和矿山尾矿机制砂的有害物质含量

类别	Ⅰ类	Ⅱ类	Ⅲ类
云母(%)	≤1.0	≤2.0	
轻物质(%)	≤1.0		
有机物	合格		
硫化物及硫酸盐 （按 SO_3 质量计）(%)	≤0.5		
氯化物 （以氯离子质量计）(%)	≤0.01	≤0.02	≤0.06

2 再生机制砂的有害物质含量应符合表 5.2.6-2 的规定。

表 5.2.6-2 再生机制砂的有害物质含量

项目	质量指标
云母(%)	<2.0
轻物质(%)	<1.0
有机物	合格
硫化物及硫酸盐 (按 SO_3 质量计)(%)	<2.0
氯化物 (以氯离子质量计)(%)	<0.06

5.2.7 机制砂的坚固性应采用硫酸钠溶液法检验,其质量损失应符合表 5.2.7 的规定。

表 5.2.7 机制砂的坚固性指标

类别	Ⅰ类	Ⅱ类	Ⅲ类
质量损失(%)	≤8.0		≤10.0

5.2.8 机制砂的压碎指标应符合表 5.2.8 的规定。

表 5.2.8 机制砂的压碎指标

类别	Ⅰ类	Ⅱ类	Ⅲ类
单级最大压碎指标(%)	≤20	≤25	≤30

5.2.9 机制砂的表观密度、松散堆积密度、空隙率宜符合下列规定:

1 岩石或卵石机制砂和矿山尾矿机制砂的表观密度、松散堆积密度、空隙率应符合表5.2.9-1的规定。

表5.2.9-1 岩石或卵石机制砂和矿山尾矿机制砂的
表观密度、松散堆积密度、空隙率

项目	质量指标
表观密度(kg/m³)	≥2 500
松散堆积密度(kg/m³)	≥1 400
空隙率(%)	≤45

2 再生机制砂的表观密度、堆积密度、空隙率应符合表5.2.9-2
的规定。

表5.2.9-2 再生机制砂的表观密度、堆积密度、空隙率

项目	Ⅰ类	Ⅱ类	Ⅲ类
表观密度(kg/m³)	≥2 450	≥2 350	≥2 250
堆积密度(kg/m³)	≥1 350	≥1 300	≥1 200
空隙率(%)	<46	<48	<52

5.2.10 机制砂不得具有潜在碱活性。

5.2.11 含水率、经时吸水率和饱和面干吸水率。

当用户有要求时,生产厂应明示含水率、经时吸水率和饱和面
干吸水率的控制值。当用户复检时,含水率、经时吸水率和饱和
干吸水率实测值应在其控制值的0.8~1.2范围内。

6   试验方法

6.1   试   样

6.1.1   取样方法

按照 GB/T 14684 中规定的方法执行。

6.1.2   取样数量

1   岩石或卵石机制砂和矿山尾矿机制砂的取样数量按照 GB/T 14684 中规定的取样数量执行。

2   再生机制砂的取样数量按照 GB/T 25176 中规定的取样数量执行。再生机制砂的饱和面干吸水率试验项目的取样数量按照 GB/T 14684 中规定的取样数量执行。

3   机制砂含水率试验项目的取样数量不少于 1 000 g,机制砂经时吸水率试验项目取样数量不少于 4 400 g。

6.1.3   试样处理

按照 GB/T 14684 规定的试样处理规定执行。

6.2   试验环境和试验用筛

应符合 GB/T 14684 中试验环境和试验用筛的规定。

6.3   颗粒级配和细度模数

按照 GB/T 14684 规定的颗粒级配和细度模数试验方法执行。

6.4   石粉含量和微粉含量

按照 GB/T 14684 规定的石粉含量试验方法执行。

6.5 泥块含量

按照 GB/T 14684 规定的泥块含量试验方法执行。

6.6 有害物质含量

按照 GB/T 14684 规定的云母含量、轻物质含量、有机物含量、硫化物及硫酸盐含量和氯化物含量试验方法执行。

6.7 坚固性

按照 GB/T 14684 规定的坚固性试验方法执行。

6.8 压碎指标

按照 GB/T 14684 规定的压碎指标的试验方法执行。

6.9 表观密度、松散堆积密度和空隙率

按照 GB/T 14684 规定的表观密度、松散堆积密度和空隙率试验方法执行。

6.10 碱集料反应

在进行碱集料反应试验前,应采用 GB/T 14684 规定的岩相法确定碱活性集料的种类。对于含有活性二氧化硅的机制砂,应按照 GB/T 14684 规定的碱—硅酸反应或快速碱—硅酸反应进行碱活性检验;对于含有活性碳酸盐类的机制砂,应按照 JGJ 52 规定的岩石柱法进行碱活性检验。

6.11 含水率和饱和面干吸水率

按照 GB/T 14684 规定的含水率和饱和面干吸水率试验方法执行。

6.12 经时吸水率

6.12.1 机制砂经时吸水率试验应采用下列仪器设备：

1 鼓风干燥箱：温度控制范围（105±5）℃；

2 天平：称量 1 000 g，感量 1 g；

3 吹风机；

4 容器，如浅盘等。

6.12.2 试验步骤

1 将自然状态的机制砂缩分至约 1 200 g，将试样放入温度为（105±5）℃的烘箱中烘干至恒重。

2 将烘箱中烘干至恒重的试样，拌和均匀后分为大致相等的两份，各称取 500 g 试样。

3 将一份试样倒入搪瓷盆中，注入洁净水，使水面高出试样表面 20 mm 左右，水温控制在（23±5）℃，用玻璃棒连续搅拌 5 min，以排除气泡，从注入洁净水开始计时，到要测的经时。倒去试样上部的清水，不得将细粉部分倒出。在盘中摊开试样，用吹风机缓缓吹拂暖风，并不断翻动试样，使水分均匀蒸发，不得将砂样颗粒吹出。然后将试样一次装满饱和面干试模中，均匀插捣 25 次，插捣后，垂直将试模提起。如砂样呈图 6.12.2（a）的形状，说明砂样表面水多，应继续吹干。然后按上述方法进行试验，直至试模提起后，砂样开始塌落呈图 6.12.2（b）的形状，即为饱和面干状态。如试模提起后，试样呈图 6.12.2（c）的形状，说明砂样已过分干燥；此时，应喷水 5 mL，将砂样充分拌匀，加盖后静置 30 min，再按上述方法进行试验，直至达到要求。

4 立即称取潮湿试样质量（m），精确至 0.1 g。

6.12.3 结果计算与评定

1 吸水率按下式计算，精确至 0.01%：

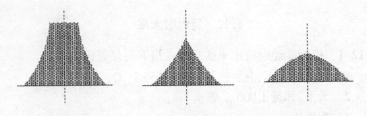

(a)尚有表面水   (b)饱和面干状态   (c)过分干燥

图 6.12.2　砂样的坍落情况

$$Q_x = \frac{m - 500}{500} \times 100\% \qquad (6.12.3)$$

式中　Q_x——经时吸水率(%)；

　　　m——潮湿试样质量,g。

2　精度及允许偏差

取两次试验结果的平均值作为吸水率值,精确至 0.1%,如果两次试验结果之差大于平均值的 3%,则该组数据作废,应重新试验。

7 检验规则

7.1 检验类别、检验项目

7.1.1 机制砂的检验形式分为出厂检验和型式检验。

7.1.2 机制砂的出厂检验项目应包括:颗粒级配、石粉含量(含亚甲蓝试验)、微粉含量、泥块含量、压碎指标、松散堆积密度。

7.1.3 有下列情况之一时应进行型式检验:

1 新产品投产时。

2 正常生产时,每年进行一次。

3 主要原材料和生产工艺有较大改变时。

4 出厂检验结果与上次型式检验结果有较大差异时。

5 设备进行维修、连续停产超过 3 个月恢复生产时。

6 国家质量监督检验机构提出型式检验要求时。

7.1.4 型式检验项目应包括本标准 5.2.1~5.2.11 规定的项目以及岩石抗压强度。

7.2 组批规则

按同分类、规格、类别及日产量每 600 t 为一批,不足 600 t 亦为一批;日产量每超过 2 000 t,按 1 000 t 为一批,不足 1 000 t 亦为一批。

7.3 判定规则

7.3.1 试验结果均符合本标准的相应类别规定时,可判为该批产品合格。

7.3.2 技术要求 5.2.1~5.2.10 若有一项指标不符合标准规定,

则应从同一批产品中加倍取样,对该项目进行复验。复验后,若试验结果符合标准规定,可判为该批产品合格;若试验结果仍然不符合标准要求,判为该批产品不合格。若有两项及以上试验结果不符合标准规定,则判该批产品不合格。

8　验收、储存、运输和堆放

8.1　生产企业或供货单位应提供机制砂的产品合格证及质量检测报告。

8.2　砂出厂时,供需双方在场内验收产品,生产企业提供的产品质量合格证,应包括以下内容:

　　1　砂的分类、规格、类别和生产厂信息。

　　2　批量编号及供应数量。

　　3　出厂检验结果、日期及标准编号。

　　4　合格证编号及发放日期。

　　5　检验部门及检验人员签章。

8.3　机制砂在运输、装卸和堆放过程中,应防止离析和混入泥土或其他杂质。

8.4　砂应按分类、规格、类别分别堆放和运输。

8.5　运输时,应有必要的防遗撒设施,严禁污染环境。

本标准用词说明

1 为便于在执行本标准条文时区别对待,对要求严格程度不同的词,说明如下:

1)表示很严格,非这样做不可的用词:

正面词采用"必须",反面词采用"严禁"。

2)表示严格,在正常情况下均应这样做的用词:

正面词采用"应",反面词采用"不应"或"不得"。

3)表示允许稍有选择,在条件许可时首先应这样做的用词:

正面词采用"宜";反面词采用"不宜"。

2 条文中指明应按其他有关标准、规范执行时,写法为"应按……执行"或"应符合……的要求或规定"。

引用标准名录

《建筑材料放射性核素限量》GB 6566
《建设用砂》GB/T 14684
《建设用卵石、碎石》GB/T 14685
《铁尾矿砂》GB/T 31288
《混凝土和砂浆用再生细骨料》GB/T 25176
《普通混凝土用砂、石质量及检验方法标准》JGJ 52
《混合砂混凝土应用技术规程》DBJ41/T048

河南省工程建设标准

混凝土用机制砂质量及检验方法标准

条 文 说 明

目　次

1 总　则

1.0.1　本条文说明了制定本标准的目的。

　　随着河南省基本建设的飞速发展,对建设用砂数量和质量要求日益提高,级配良好、质地坚硬、颗粒洁净、细度模数在 2.3~3.0 的河砂面临枯竭。因此,开辟新的砂源势在必行。河南地区石灰石资源丰富。同时,许多的矿山尾矿、建筑垃圾及工业废渣等固体废弃物,可作为制备机制砂的生产原材料。为规范机制砂的生产与应用,做到有章可循,有据可依,也为了便于质量管理以及监管部门的监管,制定本标准。

1.0.2　本条说明了标准的适用范围。

2 术语、符号

2.1 术语

2.1.1 本标准所涉及机制砂的主要生产原材料为岩石、卵石、建筑固体废弃物、矿山尾矿或工业废渣,除卵石外,均包括在现行国家标准《建设用砂》GB/T 14684 中。随着机制砂生产水平的提高,以及工程对高质量机制砂性能的要求,生产机制砂不能只是简单地对原材料破碎,而且还要有整形、筛分、粉料控制等工艺,以确保机制砂具有良好的粒形、级配,并且将石粉含量控制在合理的范围之内。

2.1.3 再生机制砂的原材料非常复杂,部分原材料可能并非适合整形、筛分、粉料控制等工艺,因此再生机制砂定义中未单独提出。

2.1.4 矿山尾矿有许多品种,但生产机制砂的矿山尾矿不得具有膨胀性。如果使用铁尾矿生产机制砂,必须经磁选工艺。

3 分类、规格

3.1 机制砂分类

3.1.1 机制砂生产原料种类较多,本标准根据河南省较常使用的原材料的不同将机制砂分为岩石或卵石机制砂、再生机制砂、矿山尾矿机制砂三类。如果使用其他的原材料生产机制砂,可参照命名。

3.1.2 本标准按技术要求将机制砂分为Ⅰ类、Ⅱ类和Ⅲ类,有利于生产企业的分类管理,便于使用单位根据混凝土的性能,选择合理的机制砂。

3.2 机制砂规格

现行国家标准《建设用砂》GB/T 14684 和《混凝土和砂浆用再生细骨料》GB/T 25176 将机制砂按细度模数(μ_f)分为粗、中、细三种规格,当前受生产工艺限制,岩石或卵石机制砂产品主要是中砂和粗砂,而铁尾矿细粒机制砂普遍偏细,主要产品为细砂和特细砂,所以本标准根据细度模数范围,将机制砂分为粗、中、细、特细四种规格。

4 基本规定

4.0.1 为了防止过量辐射对人体的伤害,保障建筑环境辐射的安全,对机制砂用原材料的放射性做出规定,并按现行国家标准《建筑材料放射性核素限量》GB 6566 的规定严格控制。

4.0.2 矿山尾矿、工业废渣等的成分复杂,不能一一列出,但用矿山尾矿、工业废渣等生产的机制砂无论如何不得对人体、生物、环境及混凝土、砂浆性能产生有害影响。

4.0.4 本条规定了不同等级机制砂适用于配制的混凝土强度等级范围,有利于机制砂的应用企业经济合理地选择机制砂。

4.0.5 由建(构)筑废弃物中的混凝土、砂浆、石或砖等加工而成的再生机制砂,加工后的烧土制品(砖、瓦等)对再生机制砂的性能会产生不良影响,为保证混凝土的质量,降低了再生机制砂适应的混凝土强度等级。

5 技术要求

5.1 原材料

5.1.1 为了减少机制砂的含泥量,用作生产机制砂的母岩应干净。软弱、风化的岩石颗粒会降低混凝土的强度,严重影响混凝土的性能,因此用作生产机制砂的母岩不得有软弱及风化的岩石。

5.1.2 岩石的种类繁多,本条列出了常用的几种生产机制砂的岩石,其他经试验、应用证明可以生产机制砂的岩石,也可用于生产机制砂,但是,泥岩、页岩、板岩等岩石不宜用于生产机制砂。母岩的抗压强度试验方法参照现行国家标准《建设用卵石、碎石》GB/T 14685 进行。

5.1.3 铁尾矿或含铁的矿山尾矿中的铁,会导致后期混凝土膨胀,严重影响混凝土的耐久性,因此矿山尾矿机制砂用原材料为铁尾矿或含铁的矿山尾矿应分离出铁。磁选工艺分离铁为物理过程,不会影响铁尾矿机制砂在混凝土中的应用效果。

5.1.4 建筑垃圾成分复杂,分拣困难,如果再生机制砂的原材料中砖块等烧土制品的含量过高,会严重影响混凝土的工作性、力学性能和耐久性能,因此生产再生机制砂的原材料中的砖块等烧土制品的含量应严格控制。

5.2 机制砂

5.2.1 机制砂的颗粒级配与现行国家标准《建设用砂》GB/T 14684 一致。本条的筛孔尺寸是方孔筛筛孔边长的尺寸。当配制大流动性混凝土时,机制砂通过 0.315 mm 筛孔的比例不宜少于 15%,通过 0.15 mm 筛孔的比例不宜小于 5%。如果混凝土中有其他有助于提高混凝土工作性的物质,如矿物外加剂、引气剂或足够多的水泥,那么可以减少或去除砂中偏细的颗粒部分。

由于特细砂多数颗粒粒径均在 0.15 mm 以下,因此对特细砂无颗粒级配要求。

5.2.2 Ⅰ类机制砂性能优良,级配Ⅱ区的砂,空隙率小,最适合配制混凝土。因此,本条规定Ⅰ类机制砂级配区宜控制在Ⅱ区。

5.2.3 *MB* 值是用于判定机制砂中粒径小于 0.075 mm 颗粒的吸附性能的指标,通过吸附性能判断机制砂中的细颗粒中的主要成分是否为黏土或淤泥。*MB* 值越小,机制砂中的黏土或淤泥越少,因此本条规定岩石或卵石机制砂和矿山尾矿机制砂的 *MB* 值不宜大于 1.4。Ⅰ类机制砂的 *MB* 值不应大于 1.4。

5.2.4 本条对岩石或卵石机制砂和矿山尾矿机制砂的石粉含量以及再生机制砂的微粉含量作了规定。

1 机制砂的级配通常与大多数的天然砂不相同。特别是粒径在 0.3~0.6 mm 的材料更少,而粒径大于 1.18 mm 的材料更多,允许石粉含量可以更高一些。石粉颗粒的粒径介于砂颗粒粒径和胶凝材料之间,降低了体系的空隙率,这有利于提高混凝土的强度和降低胶凝材料的用量。虽然,石粉含量高增加了砂的比表面积,进而增加了混凝土的用水量,但细小的球形颗粒又会改善混凝土的工作性,正反作用可以互相平衡。大多数研究表明,石粉含量在 20%以内,混凝土抗压强度基本不降低,或降低幅度很小,通常都在 10%以内。总结国内外的试验结果和本标准的验证试验,本标准对亚甲蓝试验合格机制砂中的石粉含量规定值有所提高。当机制砂 *MB* 值较高时严格控制石粉含量。

现行国家标准《铁尾矿砂》GB/T 31288 规定,当 *MB* 值≤1.4 时,铁尾矿机制砂中石粉最高含量可达 15%;本标准规定,当 *MB* 值≤1.4 时,铁尾矿机制砂中石粉最高含量降为 10%,要求更为严格。

2 建筑垃圾作为原材料生产的再生机制砂,由于建筑垃圾成分复杂,再生机制砂中微粉成分波动较大,微粉形态效应较差,活性低,造成水泥浆体需水量提高,流动性降低,强度下降,与岩石或卵石机制砂和矿山尾矿机制砂的石粉相比,负面作用明显。为此,本标准对再生机制砂的微粉含量进行了严格规定。

5.2.5　机制砂堆放场地要硬化,在储存、装卸过程中,不得与泥质地面接触,避免泥块、泥土混入。再生机制砂的生产工艺中应有除土环节,除去泥块。泥块含量指标严格按本标准执行。

5.2.6　本条对岩石或卵石机制砂和矿山尾矿机制砂以及再生机制砂有害物质含量作了规定。

　　1　岩石或卵石机制砂和矿山尾矿机制砂有害物质限量主要采纳现行国家标准《建设用砂》GB/T 14684 规定的指标。

　　2　再生机制砂有害物质限量主要采纳现行国家标准《混凝土和砂浆用再生细骨料》GB/T 25176 规定的指标。

5.2.8　机制砂的颗粒细小,其针片状颗粒含量很难检验,而机制砂的针片状颗粒含量对混凝土的力学性能有一定的影响,因此使用压碎指标来检验针片状颗粒含量是可行的。经过整形的机制砂,颗粒形状和表面状态较好,尖锐棱角少,提高了颗粒的强度,压碎指标对混凝土强度影响小,但压碎指标大的机制砂,混凝土耐磨性显著降低,并且对混凝土工作性有较大影响。同时,压碎指标也是对母岩强度、针片状颗粒含量、软弱颗粒含量的综合评定。因此,本标准给出了压碎指标的限值。颗粒形貌较差的石屑压碎指标大多高于 30%,因此压碎指标的限值确定为 30%,可以较好地保证机制砂的质量。对混合砂,其压碎指标为混合后混合砂试验的指标。

5.2.9　本条对岩石或卵石机制砂和矿山尾矿机制砂的表观密度、松散堆积密度、空隙率以及再生机制砂的表观密度、堆积密度、空隙率作了规定。

　　1　岩石或卵石机制砂和矿山尾矿机制砂的表观密度取决于

组成机制砂矿物和孔隙的数量,机制砂的表观密度可用于混凝土的配合比等的计算,但不能衡量其质量。对大型水利工程,混凝土的最小密度对结构稳定度来说是重要的。岩石或卵石机制砂和矿山尾矿机制砂的松散堆积密度取决于机制砂堆积的紧密程度,与颗粒的粒径分布和形状有关,与机制砂的应用极有关系。岩石或卵石机制砂和矿山尾矿机制砂的空隙率可以间接反映对需水量的影响,进而影响胶凝材料和外加剂的用量。因此,本条对岩石或卵石机制砂和矿山尾矿机制砂的表观密度、松散堆积密度、空隙率的指标进行了限定。

　　2　再生机制砂组成复杂,其表观密度、堆积密度变化较大。较高表观密度、堆积密度的再生机制砂意味着砂的颗粒形状好,微粉中烧土制品颗粒少。本条对再生机制砂的表观密度、堆积密度、空隙率按类别规定了相应指标。

5.2.11　水可以吸附于机制砂内部,也可以存在于机制砂的表面,不同的暴露状态,可以具有不同的含水率,不同含水率的机制砂,在搅拌过程中吸水能力不同,导致水灰比和工作性变化。所有孔隙充满水,但在表面无水分的饱和面干吸水率是机制砂混凝土配合比设计的主要参考参数,因此本条提出当用户有要求时,应报告其实测值。

　　机制砂的吸水率随时间的变化较大,特别是对高吸水性机制砂,如再生机制砂,对浆体早期工作性有明显影响,因此本条同样提出当用户有要求时,应报告经时吸水率实测值。

6 试验方法

6.1 试 样

6.1.2 本条对机制砂的取样数量执行的标准或取样数量作了规定。

    3 单独对机制砂含水率、机制砂经时吸水率试验项目取样数量进行了规定。

6.3~6.11 对应的试验项目均按现行国家标准执行。

6.12 因机制砂经时吸水率无国家和行业试验方法标准,本标准制定了机制砂经时吸水率试验方法。

7　检验规则

7.1　检验类别、检验项目

7.1.1　机制砂的生产单位应对其生产的产品进行出厂检验和型式检验。产品通过型式检验,才能批量生产;产品出厂检验合格,方可出厂。

7.1.2　本条规定了机制砂的出厂检验项目。出厂检验项目是生产过程必须控制的项目,也是可操作性强的项目。

7.1.3　本条规定了机制砂的型式检验频率。

7.1.4　本条规定了机制砂的型式检验项目。型式检验项目包括本标准提出的所有项目和岩石抗压强度。

7.2　组批规则

本条规定了出厂检验的组批规定,与现行国家标准《建设用砂》GB/T 14684 的规定一致。

7.3　判定规则

7.3.1、7.3.2　两条规定了试验结果判定规则。

8 验收、储存、运输和堆放

8.2 本条规定了产品质量合格证最少应包括的内容,但并不仅限于此内容。

8.3 机制砂在运输、装卸和堆放过程中,易发生颗粒离析,所以应采取措施防止颗粒离析,保持产品均匀。